Darstellung historischer Kometenerscheinungen in Planetariumssoftwares. Beispiel des Kometen Halley

Marcus Rutter

Bibliografische Information der Deutschen Nationalbibliothek:

Die Deutsche Nationalbibliothek verzeichnet diese Publikation in der Deutschen Nationalbibliografie; detaillierte bibliografische Daten sind im Internet über http://dnb.d-nb.de abrufbar.

ISBN: 9783346817624
Dieses Buch ist auch als E-Book erhältlich.

Das Buch bei GRIN: https://www.grin.com/document/1326067

Darstellung historischer Kometenerscheinungen in Planetariumssoftware am Beispiel des Kometen 1P/Halley

vorgelegt von:

M.B.A
Marcus Rutter
cand. rer. nat.

Inhaltsverzeichnis

1. Motivation/Vorüberlegung

1.1. Motivation

Mit bloßem Auge sichtbare Kometenerscheinungen stellen zu allen Zeiten eindrucksvolle Erscheinungen am Nachthimmel dar, (s. BARRET, 1978). Besondere Bekannheit ist dem Halleyschen Kometen eigen, da an diesem die periodische Wiederkehr von Kometen erkannt wurde,(s. FERRIN & GIL,1988). Darüber hinaus wurden Kometenerscheinungen auch astrologisch als „Zeichen", eben meist schlechter gedeutet und hinlänglich oft in Chroniken notiert. Manchmal erregen auch die von Ihnen hervorgerufenen Meteoridenschauer Aufmerksamkeit, (s.FULLE, 1990). Die brauchbarsten Berichte tatsächlicher Beobachtungen wurden aber im historischen China angefertigt, (s. HASEGAWA, 1979). Diese Herausgehobenheit von Kometen, eben auch 1P/Halley kann den Wunsch hervorrufen, sich eine „historische Kometenerscheinung" dessen in einer Planetariumssoftware anzuschauen. Im Gegensatz zur Darstellung der gewöhnlichen Himmelskörper wie Sternen und Planeten jedoch, ist der ständigen Bahnveränderungen von Kometen eben, eine solche Darstellung im Planetarium nicht ohne zusätzliche Aufwände, deren Beschreibung Ziel dieser Ausarbeitung ist, möglich. Umfassende und weitergehende Beschreibungen einer Vielzahl historischer Kometenbeobachtungen sind den Arbeiten Ho's, (s. HO, 1963), und Hasegawas, (s. HASEGAWA, 1980) und zu entnehmen. Zuletzt aber hat Kronk, (s.KRONK, 1999) einen ausschöpfenden 3 bändigen Katalog veröffentlicht. Dort sind auch jeder Kometensichtung eine vollständige Bibliografie der Untersuchungen beigestellt.

1.2.Vorüberlegung

Die Bahn eines Kometen ist der geringen Masse und der Massenveränderung in Sonnennähe wegen größeren Störungen betroffen, so daß dessen Bahnelemente {E}, über die Zeit hinweg erhebliche Veränderungen erfahren. Grundlage jeder Darstellung bleibt daher die Aufgabe, zuerst eine möglichst genaue Ermittlung der ekliptikal oskulierenden Bahnelemente {E} über die jeweils auszuwertende Zeitspannne durchzuführen. Die genaueste Methode ist derzeit in der numerischen Integration auf Basis der Ephemeride DE406 gegeben.

2.Darstellung

Die Darstellung erfolgt in dieser Arbeit mit Hilfe der verbreiteten freien Planetariumssoftware HOME PLANET, (s.,WALKER, 2006). Neben der Verwendung des im Grundumfang der Software enthaltenen Katalogs von Himmelskörpern ist eine Ergänzung mit Bahndaten zusätzlicher Himmelskörper möglich, so daß in unserer Arbeit die historischen Erscheinungen, (Periheldurchgänge) des Halley'schen Kometen der letzten 2000 Jahre , das waren 27 Stück + 1 Prognose für das Jahr des nächsten Periheldurchgangs, 2061, (s. Tab.1), als jeweils individueller Komet dem Objektkatalog hinzugefügt werden sollen.

2.1.Darstellung von Kometen für die Zeit im Kalenderjahr des Periheldurchgangs

2.1.1.numerische Integration

Eine numerische Integration kann mit Hilfe die Software SOLEX 8.5 (s.,VITAGLIANO, 2003) , umgesetzt werden. Dazu gilt es zuerst eine SOLEX 8.5 Konfigurationsdatei:\xxx.SLX über die physikalischen Stammdaten eines Himmelskörpers zu erstellen, dessen Bahn ermittelt werden soll. Die Stammdaten von Himmelskörpern des Sonnensystems sind der Datenbanken des JPL zu entnehmen. Anschließend führt man mit SOLEX schrittweise Zurückrechnungen auf die Jahre der Periheldurchgänge durch und gibt oskulierende ekliptikale Bahnelemente {E} in Form einer ASCI-Textdatei \xxx.OUT aus. Diese Ausgabe muß dann in eine für die Home Planet Software verarbeitbare Form umformatiert werden. Ergebnis ist dann eine \xxx.csv Datei, welche zuletzt in den Home Planet Objektkatalog durch Bearbeitung der Datei: \Objects.csv einzupflegen ist. Sodann kann dieser Himmelskörper genau so wie die bereits standardmäßig vorinstallierten visualisiert werden. Für den Kometen 1P/Halley stehen zur Überprüfung und Fehlerdiskussion der Bahnelemente unserer numerischen Integration die aus der Auswertung historischer Beobachtungen gewonnenen Bahnelemente (s. Abb.3. ,s. JPL) und weitere Daten, (vgl., KRONK, 1999), zur Verfügung. Ein Vergleich, wird die hinlängliche Genauigkeit unserer berechneter Bahndaten bestätigen. Zusätzlich kann, wenn man aus den Zeitverläufen der Bahnelemente diese durch Ausgleichsfunktionen interpoliert, die Bahnelemente {E} als {E(t)} zu jedem beliebigen Zeitpunkt der betrachteten Zeitspanne, und nicht nur zu Zeiten der Perihelpassagen ermittelt werden.

Dieses Vorgehen ist für jeden periodischen Kometen obgleich arbeits- und rechenaufwändig, anwendbar, dessen Datensatz für die Bahnelemente vorliegt. Für ein konkretes Beispiel, dem des Kometen 1P/Halley bedeutet das folgenden Arbeitsablauf, der nun detaillierter beschrieben werden soll.

2.1.1.1.Die SOLEX Konfiguration

Zuerst erfolgt das Erstellen der SOLEX 8.5 Konfigurationsdatei: \HAL1986.SLX nach dem in der Bedienanleitung (s.,VITAGLIANO, 2003) angegebenem Vorgehen, aus den physikalischen Daten, welche im Jahr des letzten Periheldurchganges 1986, (s.JPL) ermittelt wurden. Ergebnis ist folgender ASCI-Text:

-2446470.5
8.0 -0.03125 5.5 0 HAL1986
9.672812430481040E-01 1.622422371237335E+02 1.118654361876744E+02
5.885976688692921E+01 1.794394011299730E+01 0 5.871034153165290E-01 2446470.5
2.6964E-10 1.5546E-10 0 0.1113

2.1.1.2.Die SOLEX Bahnelemente

Nun werden mit SOLEX 8.5 die oskulierenden ekliptikalen Bahnelemente:
{E}= { e , a , q , i , ω , Ω , Tp} für folgende Jahre: 2061, 1986, 1910, 1835, 1759, 1682, 1607, 1531, 1456, 1378, 1301, 1222, 1145, 1066, 989, 912, 837, 760, 684, 607, 530, 451, 374, 295, 218, 141, 65n.Chr und 12v.Chr. als Tageswerte für ein Kalenderjahr+1d = Kalenderschaltjahr berechnet und in 28 Textdateien: {HAL1986-1.OUT1...HAL2061-28.OUT} ausgegeben. Der Umfang der Datensätze umfaßt (27+1)*366 = 10248 Datensätze.

Für die ekliptikal oskulierenden Bahnelemente {E}, bezogen auf das Datum des Periheldurchgangs, wurden folgende Werte ermittelt, (s. Tab. 2). Das sind 27+1=28 Datensätze. Alle Winkelgrößen sind in ° angegeben und beziehen sich auf die Koordinaten des Äquinoktikums der Epoche (J.2000). vp bezeichnet hier die Bahngeschwindigkeit des Kometen im Perihel, welche in km/s angegeben ist.

Abb.1

Nr	Tp	JD	JH	q	e	omega	Omega	i	a	T
	JJJJ-MM-DD			AU		°	°	°	AU	JJ
1	2061-07-26	2.474.032,0	1,615660506502	0,592738	0,966578	112,042358	59,380590	161,971320	17,735067	74,631284
2	1986-02-09	2.446.471,0	0,861081451061	0,587103	0,967281	111,865433	58,859767	162,242237	17,943939	75,953595
3	1910-04-18	2.418.782,5	0,103011635866	0,587214	0,967300	111,735985	58,561325	162,218778	17,957737	76,041217
4	1835-10-16	2.391.593,5	-0,641382614648	0,587214	0,967300	111,735985	58,561325	162,218778	17,957737	76,041217
5	1759-03-06	2.363.586,0	-1,408186173854	0,584570	0,967683	110,721062	57,261234	162,369418	18,088461	76,873043
6	1682-09-09	2.335.655,5	-2,172881587953	0,582644	0,967940	109,226501	55,577334	162,262078	18,173489	77,415710
7	1607-10-27	2.308.303,5	-2,921738535250	0,583605	0,967513	107,544830	53,763710	162,908879	17,964090	76,081575
8	1531-08-26	2.280.458,0	-3,684106776181	0,581155	0,967779	106,980957	53,061836	162,920218	18,036615	76,542777
9	1456-06-09	2.252.985,0	-4,436276522930	0,579691	0,968012	105,901382	51,939231	162,902850	18,122257	77,088587
10	1378-11-10	2.224.685,5	-5,211074606434	0,576740	0,968353	105,462753	51,214647	163,078171	18,219902	77,712468
11	1301-10-25	2.196.545,5	-5,981505817933	0,573364	0,968874	104,674919	50,354311	163,045408	18,420692	79,000634
12	1222-09-28	2.167.663,5	-6,772251882272	0,574958	0,968796	104,035637	49,522811	163,159439	18,425783	79,033385
13	1145-04-18	2.139.376,5	-7,546707734428	0,575254	0,968788	103,888779	49,275142	163,188358	18,430517	79,063845
14	1066-04-20	2.110.523,5	-8,336659822040	0,575182	0,968841	102,750023	47,938784	163,089888	18,459694	79,251664
15	0989-09-05	2.082.558,5	-9,102299794661	0,582632	0,967880	101,839554	46,958941	163,353851	18,138985	77,195344
16	0912-07-08	2.054.354,5	-9,874483230664	0,580843	0,968069	101,125473	46,037915	163,264342	18,190710	77,525777
17	0837-01-21	2.026.792,5	-10,629089664613	0,583219	0,967734	100,463722	45,329739	163,409498	18,075138	76,788129
18	0760-05-13	1.998.780,5	-11,396016427105	0,582742	0,967795	100,365204	45,093074	163,403885	18,094713	76,912903
19	0684-10-18	1.971.179,5	-12,151690622861	0,580504	0,968101	99,500198	44,191866	163,378137	18,197901	77,571750
20	0607-04-02	1.942.855,5	-12,927159479808	0,581643	0,968012	99,151871	43,650361	163,439956	18,183033	77,476704
21	0530-09-27	1.914.909,5	-13,692279260780	0,576315	0,968695	97,944412	42,373575	163,359877	18,409693	78,929883
22	0451-06-06	1.885.941,5	-14,485379876797	0,574447	0,968904	97,390991	41,610670	163,444953	18,473158	79,338386
23	0374-01-11	1.857.671,5	-15,259370294319	0,578184	0,968531	96,876938	40,982388	163,512435	18,372980	78,693898
24	0295-03-26	1.828.890,5	-16,047351129363	0,576676	0,968745	95,540611	39,449152	163,325871	18,450918	79,195157
25	0218-04-02	1.800.773,5	-16,817152635181	0,582354	0,967936	94,402794	38,201807	163,546645	18,162394	77,344827
26	0141-02-20	1.772.242,5	-17,598288843258	0,584128	0,967833	93,859192	37,424255	163,392870	18,159054	77,323494
27	0065-11-20	1.745.122,5	-18,340793976728	0,586326	0,967486	92,796402	36,305513	163,549055	18,033001	76,519770
28	-0011-08-14	1.717.265,5	-19,103477070500	0,588446	0,967300	92,693840	36,072509	163,560326	17,995045	76,278307

6

2.1.2.Integration der Kometen als HOME PLANET Objekte

2.1.2.1. einfache HOME PLANET Objekt Konfigurationen

Mit Hilfe der Tabellenkalkulationssoftware EXCEL wurden die Ergebnisse der 28 Textdateien {HAL1986-1.OUT1 ... HAL1986-28.OUT}, in das Katalog Format der Planetariumssoftware HOME PLANET konvertiert. Das Ergebnis sind 28 HOME PLANET Objekt Konfigurationen:

{Comet1PHalley-2061.csv,Comet1PHalley-1986.csv,Comet1PHalley-1910.csv,
Comet1PHalley-1835.csv,Comet1PHalley-1759.csv,Comet1PHalley-1682.csv,
Comet1PHalley-1607.csv,Comet1PHalley-1531.csv,Comet1PHalley-1456.csv,
Comet1PHalley-1378.csv,Comet1PHalley-1301.csv,Comet1PHalley-1222.csv,
Comet1PHalley-1145.csv,Comet1PHalley-1066.csv,Comet1PHalley-989.csv,
Comet1PHalley-912.csv, Comet1PHalley-837.csv, Comet1PHalley-760.csv,
Comet1PHalley-684.csv,Comet1PHalley-607.csv,Comet1PHalley-530.csv,
Comet1PHalley-451.csv, Comet1PHalley-374.csv, Comet1PHalley-295.csv,
Comet1PHalley-218.csv, Comet1PHalley-141.csv, Comet1PHalley-66.csv ,
Comet1PHalley-12BC.csv}

2.1.2.2. erweiterte HOME PLANET Objekt Konfigurationen

Aus den Bahnelementen wurden mit EXCEL zusätzlich einige weitere Informationen als abgeleitete Größen berechnet, (s. Tab. 3). Diese wurden den jeweiligen 28 HOME PLANET Objekt Konfigurationen hinzugefügt, so daß für diese 28 Kometenpassagen, für jeden Tag des Jahres des Periheldurchgangs, folgende, über den von HOME PLANET für Kometen vorinstallierte physikalische Daten und Informationen zur Verfügung gestellt wurden.
1.Entfernung zur Sonne (in AU), 2.Entfernung zur Erde (in AU), 3.Helligkeit (in mag), 4.Elongation zur Sonne (in °) und 5.Bahngeschwindigkeit (in km/s).

Zur Angabe der Helligkeit wurde über den gesamten betrachteten Zeitraum der statische Zusammenhang:

$$m = 3{,}6mag + 5*\log(\Delta) + 6{,}7*\log(r)$$

verwendet. Er beschreibt die Helligkeit für das 20.Jh. Die im Laufe der letzten 2000 Jahre aufgetretenen Helligkeitsveränderungen (vgl. KRESAK & KRESAKOVA, 1990) sollen hier jedoch nicht berücksichtigt werden, da der Schwerpunkt auf die oskulierenden Bahnelemente gesetzt ist.

Nr	Tp	JD	JH	T	Entf.	Entf.	mag	vp
	JJJJ-MM-DD			JJ	Sonne	Erde		
1	2061-07-26	2.474.032,0	1,615660506502	74,631284	0,592738	1,015656	4,418286	54,973263
2	1986-02-09	2.446.471,0	0,861081451061	75,953595	0,587103	1,015255	2,083263	54,809386
3	1910-04-18	2.418.782,5	0,103011635866	76,041217	0,587251	1,004004	2,059796	54,596650
4	1835-10-16	2.391.593,5	-0,641382614648	76,041217	0,587251	1,004004	2,059796	54,089536
5	1759-03-06	2.363.586,0	-1,408186173854	76,873043	0,584573	0,992052	2,020490	54,582033
6	1682-09-09	2.335.655,5	-2,172881587953	77,415710	0,582694	1,007260	2,044162	55,055401
7	1607-10-27	2.308.303,5	-2,921738535250	76,081575	0,582604	1,013500	3,073032	54,541312
8	1531-08-26	2.280.458,0	-3,684106776181	76,542777	0,582604	1,010649	3,458922	55,502150
9	1456-06-09	2.252.985,0	-4,436276522930	77,088587	0,582604	1,015141	3,520712	54,934068
10	1378-11-10	2.224.685,5	-5,211074606434	77,712468	0,582604	1,015365	3,258076	55,006802
11	1301-10-25	2.196.545,5	-5,981505817933	79,000634	0,595485	1,013163	2,120030	55,102623
12	1222-09-28	2.167.663,5	-6,772251882272	79,033385	0,597780	1,007256	2,958319	55,086061
13	1145-04-18	2.139.376,5	-7,546707734428	79,063845	0,580882	1,004004	3,803630	55,128019
14	1066-04-20	2.110.523,5	-8,336659822040	79,251664	0,580882	1,004567	3,718615	55,125731
15	0989-09-05	2.082.558,5	-9,102299794661	77,195344	0,580882	1,008268	2,722618	55,416149
16	0912-07-08	2.054.354,5	-9,874483230664	77,525777	0,580882	1,016588	8,279565	55,055734
17	0837-01-21	2.026.792,5	-10,629089664613	76,788129	0,583286	1,011293	2,055792	54,714628
18	0760-05-13	1.998.780,5	-11,396016427105	76,912903	0,582783	1,010540	2,051664	54,771212
19	0684-10-18	1.971.179,5	-12,151690622861	77,571750	0,580504	1,011824	2,043020	54,769139
20	0607-04-02	1.942.855,5	-12,927159479808	77,476704	0,581647	0,999506	2,022148	54,748645
21	0530-09-27	1.914.909,5	-13,692279260780	78,929883	0,576334	1,002422	2,001772	54,856783
22	0451-06-06	1.885.941,5	-14,485379876797	79,338386	0,574479	1,014656	2,018731	55,423683
23	0374-01-11	1.857.671,5	-15,259370294319	78,693898	0,578250	1,013154	2,034549	54,938585
24	0295-03-26	1.828.890,5	-16,047351129363	79,195157	0,576717	0,997508	1,993032	55,157535
25	0218-04-02	1.800.773,5	-16,817152635181	77,344827	0,582358	0,999506	2,025700	54,704117
26	0141-02-20	1.772.242,5	-17,598288843258	77,323494	0,584157	1,012425	2,062562	54,402816
27	0065-11-20	1.745.122,5	-18,340793976728	76,519770	0,586376	1,016266	2,081815	54,781890
28	-0011-08-14	1.717.265,5	-19,103477070500	76,278307	0,588460	1,012984	2,085118	54,467092

Abb.2

2.1.2.3.HOME PLANET Objekt Katalog

Diese erweiterten 28 HOME PLANET Objektkonfigurationen wurden in das Programmverzeichnis \...von HOME PLANET kopiert und durch Eintragung in die Objekt Katalog Datei \Objects.csv dem Programm zur Nutzung verfügbar gemacht.

Als Ergebnis dieser Arbeiten ist dann eine „genaue" Darstellung der Kometenposition für das jeweilige Jahr des Periheldurchganges möglich.

2.2.Darstellung von Kometen für die Zeit zwischen den Periheldurchgängen

Möchte man darüber hinaus eine interpolierte aber eben hinlänglich „genaue" Darstellung auch außerhalb des Jahres des Periheldurchgangs, also für einen beliebigen/jeden Zeitpunkt t der Betrachtungszeitspanne: [12 v.Chr ; 2061] ermöglichen, so sind ausgehend von Kap. 2.1. zusätzliche Arbeitsschritte nötig.

2.2.1.zeitabhängige Bahnelemente {E(t)}

Es gilt die vorher ermittelten ekliptikal oskulierenden Elemente {E} für einen beliebigen Zeitpunkt t, also {E(t)} = {e(t) , a(t) , q(t) , i(t) , ω(t) , Ω(t), U(t)}, ggf. zusätzlich auch Tp(t)) zu interpolieren. U(t) bezeichnet hier die Umlaufzeit. Ein Zeitpunkt in der Zeit t wird hier nun in Julianischen Tagen JD(t) angegeben. Darauf wird eine Skala T(t) in Julianischen Jahrhunderten JH(JD(t)) aufgestellt, wobei als Epoche der 1.Jan. 1900 festgelegt wurde. Das ergibt den Zusammenhang:

$$T(t) = JH(JD(t)) = (JD - 2.415.020,5) / 36525 \text{ , (Einheit ist das Julianische Jahrhundert: JH)}$$

Diese zeitabhängigen Bahnelemente {E(t)}werden nun als:
{E(T)} = {e(T) , a(T) , q(T) , i(T) , ω(T) , Ω(T), U(T) } ggf. zusätzlich auch Tp(T)) als Schätzungen von Ausgleichsfunktionen nach der Methode der Minimierung der Kleinsten Quadrate (Residuenquadrate) aus den numerisch integrierten Werten für {E}, ermittelt.

Hier soll eine rein technische Interpolation erfolgen. Anpassungen an tatsächliche Ursachen von systematischen und/oder unsystematischen Bahnstörungen sind nicht vorgesehen, weil unsystematische eine geringe Größe aufweisen und die meisten systematischen als gravitativ bedingten Störungen, bereits in der SOLEX Berechnung berücksichtigt wurden.

2.2.2.Die Ausgleichspolynome

Aus den Graphen (Abb....) in den Diagrammen der Bahnelemente {E(T)} lassen sich die Ausgleichsfunktionen in der Gestalt von Ausgleichspolynomen folgendermaßen qualifizieren.

numerische Exzentrizität, e(T), interpoliert durch Polynom 6ten Grades
große Halbachse, a(T), interpoliert durch Polynom 6ten Grades
Periheldistanz, q(T),interpoliert durch Polynom 6ten Grades
Inklination, e(T), interpoliert durch Polynom 2ten Grades
Länge des aufsteigenden Knotens, Ω (T), interpoliert durch eine Gerade
Perihelargumentes, ω(T), interpoliert durch Polynom 6ten Grades

Die mit Hilfe der Computer-Algebra-Software „Maple" durchgeführte Berechnungen ergaben dann folgende Ergebnisse:

2.2.2.1. Die Ausgleichspolynome für die Gestaltselemente

Der Zeitzusammenhang für die numerischen Exzentrizität , e(T) , eine Zahl,

$$e(T) = .4825659841 \cdot 10^{-8} \, T^6 + .2109670952 \cdot 10^{-6} \, T^5 + .305333805 \cdot 10^{-5} \, T^4 + .0000163939641 \, T^3 + .0000348709503 \, T^2 + .0001320037276 \, T + .9682844944$$

mittlere absolute Abweichung ist: 0,000611958 ,bei Standardabweichung von: 0,000354653
mittlere relative Abweichung ist: 0,000632148 ,bei Standardabweichung von: 0,000366391

Der Zeitzusammenhang für die großen Halbachse , a(T) , in AU

$$a(T) = .5398607881 \cdot 10^{-6} \, T^6 + .00004314439164 \, T^5 + .001179728519 \, T^4 + .01380987394 \, T^3 + .06340058495 \, T^2 + .02426669038 \, T + 17.92353403$$

mittlere absolute Abweichung ist: 0,1042069 AU , bei einer Standardabweichung von: 0,046093522 AU
mittlere relative Abweichung ist: 0,005720603 , bei einer Standardabweichung von: 0,002516196

Der Zeitzusammenhang für die Periheldistanz , q(T) , in AU

$$q(T) = -.3964426072 \cdot 10^{-7} \, T^6 - .2561465191 \cdot 10^{-5} \, T^5 - .00006049516901 \, T^4 - .0006306876257 \, T^3 - .002589675359 \, T^2 - .0008408258491 \, T + .588651228$$

mittlere absolute Abweichung ist: 0,001891199 AU , bei einer Standardabweichung von: 0,001002529 AU
mittlere relative Abweichung ist: 0,003259929 , bei einer Standardabweichung von: 0,001740799

2.2.2.2. Die Ausgleichspolynome für die Lageelemente

Der Zeitzusammenhang für die Inklination, i(T), in °

$$i(T) = -.0049 \, T^2 - .1552 \, T + 162,26$$

mittlere absolute Abweichung ist: 0,092114931° ,bei Standardabweichung von: 0,000565284°
mittlere relative Abweichung ist: 0,069963886 ,bei Standardabweichung von: 0,000430488

Der Zeitzusammenhang für die Länge des aufsteigenden Knotens , Ω (T), in °

$$\Omega(T) = 1.152 \, T + 57.899$$

mittlere absolute Abweichung ist: 0,471419294° ,bei Standardabweichung von: 0,309181287°
mittlere relative Abweichung ist: 0,009735312 ,bei Standardabweichung von: 0,00550112

Der Zeitzusammenhang für das Perihelargument, ω(T), in °

$$\omega(T) = -.3966728114 \cdot 10^{-5} \, T^6 - .0002782469073 \, T^5 - .00725480997 \, T^4 - .08463123819 \, T^3 - .4012493868 \, T^2 + .6214535708 \, T + 111.8145602$$

mittlere absolute Abweichung ist: 0,255148222° ,bei Standardabweichung von: 0,179979749°
mittlere relative Abweichung ist: 0,002489382 ,bei Standardabweichung von: 0,00173472

Der Zeitzusammenhang für die Umlaufzeit U(T), in Jahren

$$T(T) = .3465426177 \cdot 10^{-5} \, T^6 + .0002767119291 \, T^5 + .007563234565 \, T^4 + .08852274831 \, T^3 + .4065338949 \, T^2 + .1575519342 \, T + 75.82125867$$

mittlere absolute Abweichung ist: 0,667699906 Jahre, bei Standardabweichung von: 0,294719127 Jahre
mittlere relative Abweichung ist: 0,008594861 ,bei Standardabweichung von: 0,003762095

2.2.2.3.Ergebnis

Mittels dieser Ausgleichspolynome kann man nun die ekliptikal oskulierenden Bahnelemente {E(T)} für jeden Zeitpunkt der Betrachtungszeitspanne [12 v.Chr ; 2061] interpolieren. Konvertiert man danach diese Werte in das HOME PLANET Format für Himmelskörper, kann der Komet 1P/Halley wie in Kap. beschrieben, im Programm HOME PLANET erfolgreich dargestellt, oder weiterverarbeitet werden.

2.2.3. Genauigkeitsdiskussionen der durch Ausgleichspolynome ermittelten Bahnelemente,

lassen sich durch folgende Methoden führen.

2.2.3.1.Genauigkeitsdiskussion anhand von Lage- und Streuparametern

Der Mittelwert, als Lageparameter ist hier eine rein technische Größe (absolutes Glied des Ausgleichspolynoms), die keinen kausalen Zusammenhang zum Zeitverlauf besitzt, so daß dieser Wert keiner Erörterung bedarf. Die Standardabweichung als Streuparameter läßt Schlüsse auf die Güte des Ausgleichspolynoms zu, wenn man die Standarabweichung des Ausgleichspolynoms mit dem der Werte für die Periheljahre vergleicht. Eine bessere Veranschaulichung und Vergleichbarkeit der Streuparameter ist hier durch Diagramm, welches die Streuung der relativen Abweichungen über die einzelnen interpolierten Bahnelemente zeigt, erreichbar.

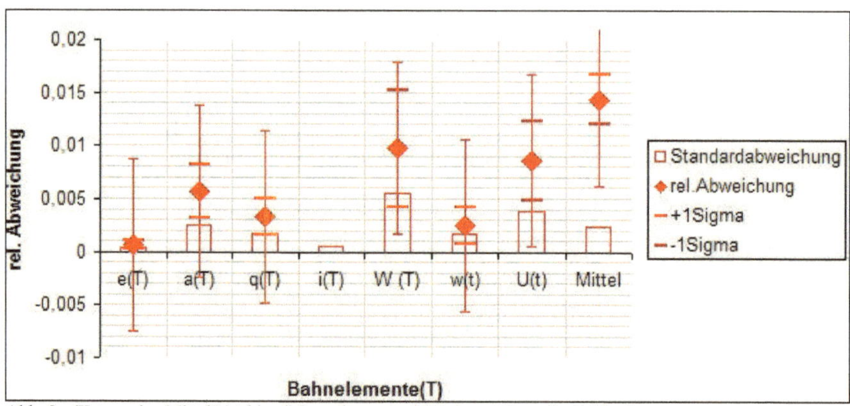

Abb. 3 , (Kategorie „Mittel" ist hier Schwankung um Mittelwert über alle Größen)

Mit Ausnahme der Größe Inklination bewegen sich die Werte der relativen Abweichungen im Promillebereich, stellen also hinlänglich geringe Werte dar. Die Inklination änderte sich im 17. Jh. sprunghaft. Dieser Effekt resultierte aber aus einer gravitativ bedingten Störung (Resonanz), welche daher im Resultat der numerischen Integration abgebildet war, ist also systembedingt, daher nicht als Störung im Sinne der Güte der Ausgleichspolynome zu werten. Die Ausgleichspolynome selber beschreiben alles in allem einen recht genauen Verlauf der Kometenbahn.

2.2.3.2.Genauigkeitsdiskussion anhand grafischer Darstellungen

Für die interpolierten Bahnelemente $\{E(T)\} = \{e(T), a(T), q(T), i(T), \omega(T), \Omega(T), U(T)\}$ ggf. zusätzlich auch **Tp(T)**) wurden grafische Darstellungen,(s., Abb.) so angefertigt, daß der Graph der Interpolation, (rote Kurve), zusammen mit der geglätteten Verbindungslinie der Werte der numerischen Integration, (blaue Kurve), der Jahre des Perihels verglichen werden kann. Der Konfidenzbereich von einem Standardfehler wurde zu der jeweiligen Interpolation als Boxplot hinzugezeichnet. Der Schwankungsbereich von einer Standardabweichung der Werte für die Jahre des Perihels (Meßwerte) wurde deren Verbindungslinie als Boxplot hinzugefügt. So kann man die Durchdringungen beider Bereiche erkennen, wo solche auftreten. Dort stellt das Ausgleichspolynom eine sehr verläßliche Interpolation dar. Das sind dann folgende Darstellungen.

2.2.3.2.1 Darstellungen für die Gestaltselemente

Abb.4, die numerischen Exzentrizität , e(T) , eine Zahl

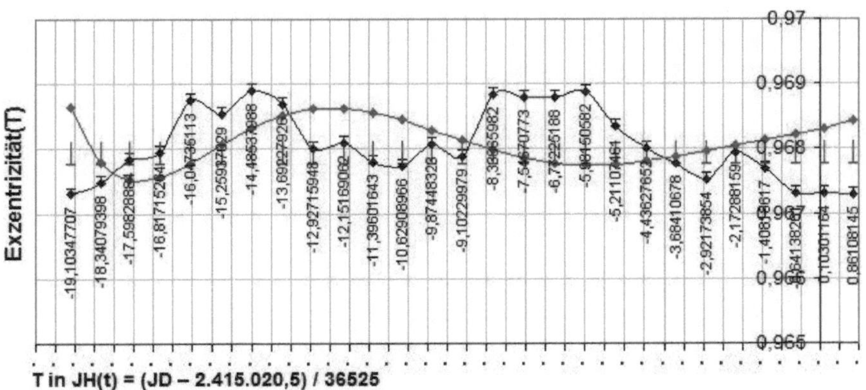

Abb.5, die große Halbachse , a(T) , in AU

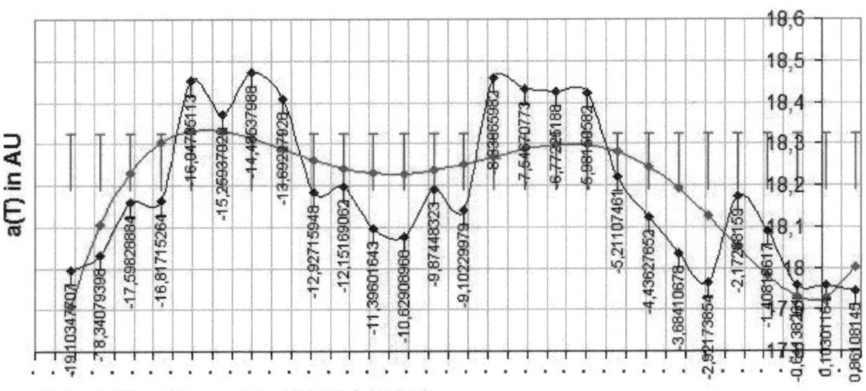

Abb.6, die Periheldistanz , q(T) , in AU

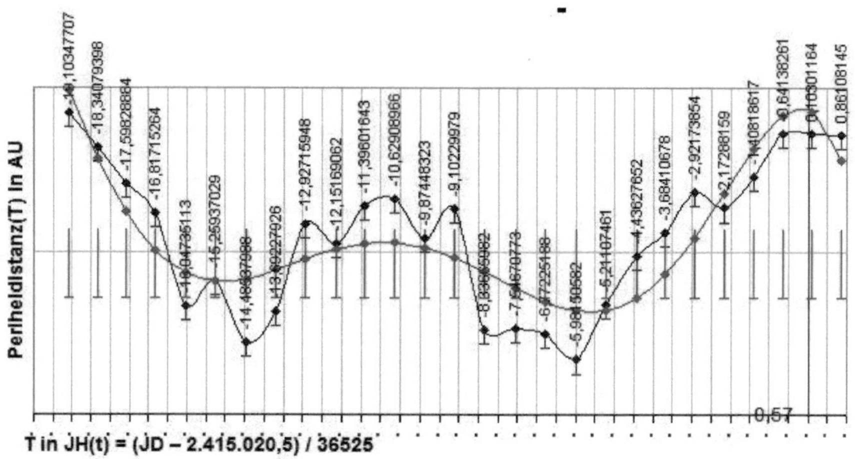

2.2.3.2.2Darstellungen für die Lageelemente

Abb.7, die Inklination , i(T), in °

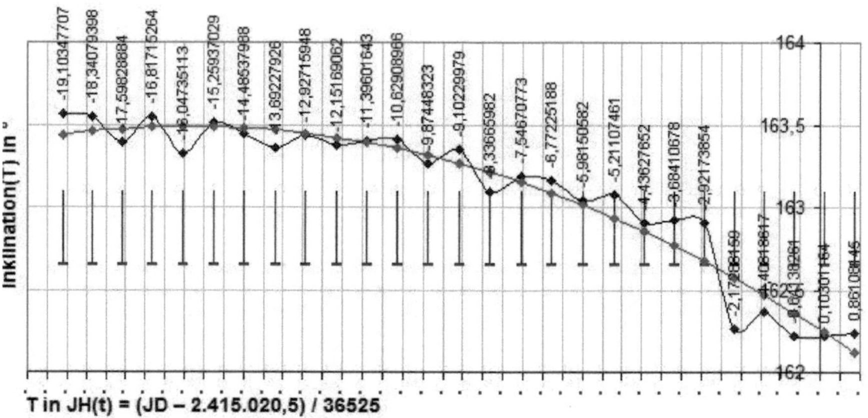

Abb.8, die Länge des aufsteigenden Knotens , Ω (T), in °

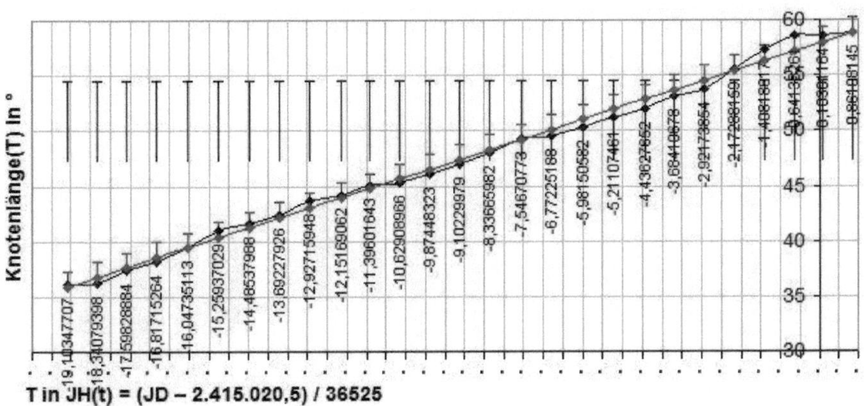

Abb.9, das Perihelargument, ω(T), in °

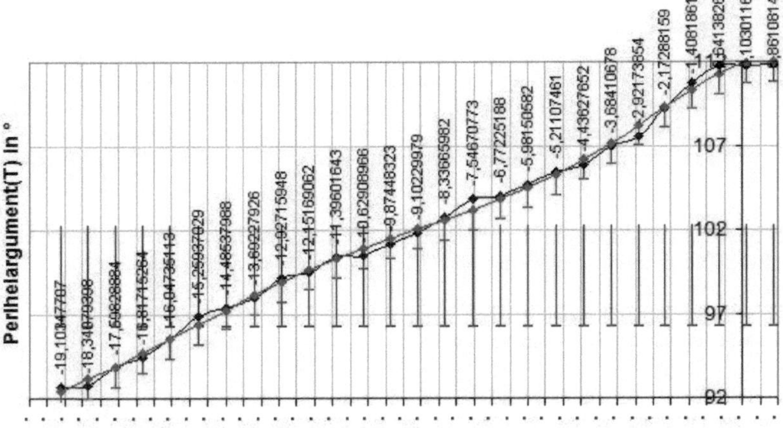

Abb.10, die Umlaufzeit U(T), in Jahren

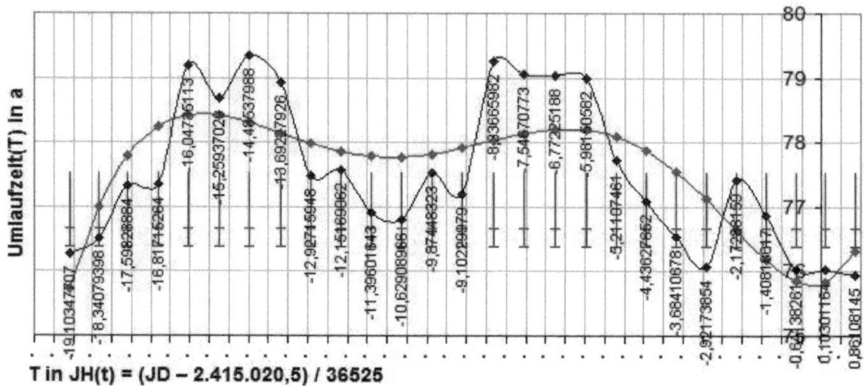

2.2.3.3.Genauigkeitsabschätzung durch Vergleich mit den Daten des JPL

Das JPL stellt über sein Web-Portal das Werkzeug „MinorBody Database Lookup" zur Verfügung. Dort sind die ekliptikal oskulierenden Bahnelemente: {**E**} = { **e** , **a** , **q** , **i** , **ω** , **Ω** , **Tp, U**}, (für Jahre des Periheldurchgangs) des Kometen 1P/Halley im Zeitabschnitt von 245 v.Chr bis 1986 publiziert. Die Ergebnisse davon sind hier als Tabelle (s. Abb.) aufbereitet, angegeben.

Man kann nun die absoluten und die relativen Abweichungen der JPL Bahnelemente von denen mit SOLEX 8.5 ermittelten Werten berechnen, um deren Genauigkeit zu erörtern.

2.2.3.3.1Abweichungen für die Gestaltselemente

Abb. 11, Abweichungen der numerischen Exzentrizität , e(T) , eine Zahl

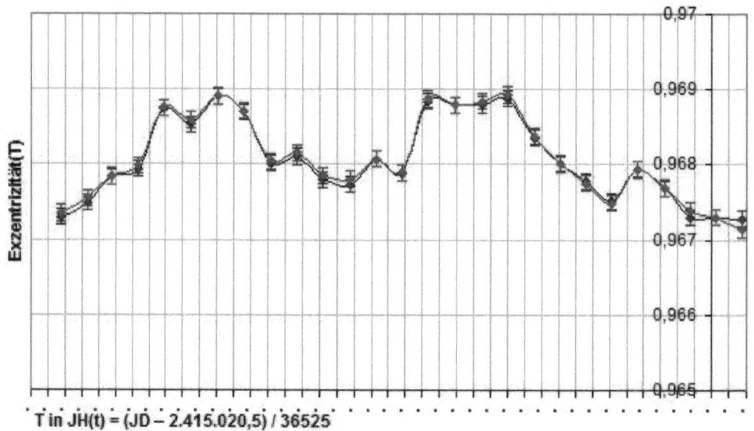

In Abb. sind die Werte von e(T) für JPL,(rote Kurve) und SOLEX,(blaue Kurve), dargestellt. Die Boxplots stellen die +/- Abweichung von einem Standardfehler um die jeweiligen Werte dar. Man erkennt eine weitgehende Deckung, bzw. Durchdringung der Abweichungen beider Interpolationen.

Der Mittelwert der absoluten Abweichungen beträgt: 3,43378E-05 bei einer Standardabweichung von: 3,54772E-05. Der Mittelwert der relativen Abweichung beträgt: 3,31043E-05 bei einer Standardabweichung von: 3,42178E-05. Beide Interpolationen sind praktisch identisch.

Abb. 12, Abweichungen der großen Halbachsen , a(T) , in AU

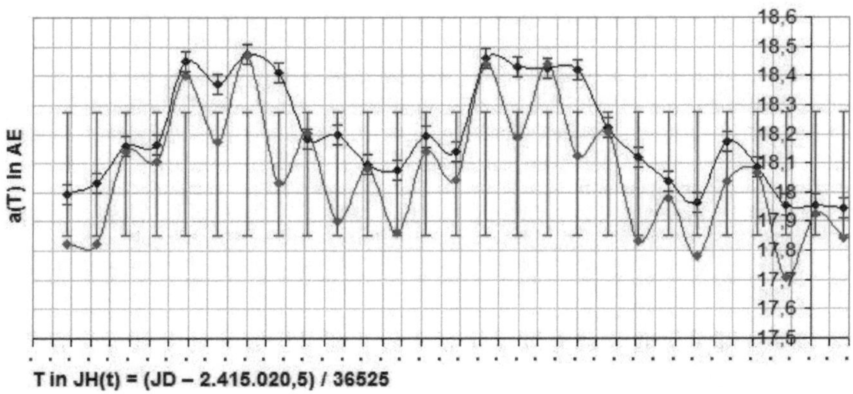

In Abb. sind die Werte von a(T) für JPL,(rote Kurve) und SOLEX,(blaue Kurve), dargestellt. Der Boxplot (blau) stellt die +/- Abweichung von einem Standardfehler um die SOLEX Werte, der Boxplot (rot) die Standardabweichung der JPL Werte dar. Man erkennt punktuelle Deckungen, bzw. abschnittsweise Durchdringungen der Werte beider Interpolationen. Der Wert a(T) für die Berechnung der JPL Daten, nach dem 3. Keplerschen Gesetz, jedoch basiert hier auf den tatsächlich beobachteten Differenzen zwischen 2 Periheldurchgängen. Man erkennt eine periodisch systematische Unterschreitung, wohl Folge einer systematischen Abbremsung in Sonnennähe durch Impulse des Sonnenwindes, die hier für die Fehlerabschätzung keine Bedeutung besitzt, da in Sonnenferne durch Fehlen des Sonnenwindes ein Ausgleich zum Mittelwert hin erfolgt.

Der Mittelwert der absoluten Abweichungen beträgt: 0,126729166 AU bei einer Standardabweichung von: 0,112750458 AU. Der Mittelwert der relativen Abweichung beträgt: 0,007009218 bei einer Standardabweichung von: 0,006228669. Beide Interpolationen sind denoch als praktisch identisch zu werten.

Abb.13, Abweichungen der Periheldistanzen , q(T) , in AU

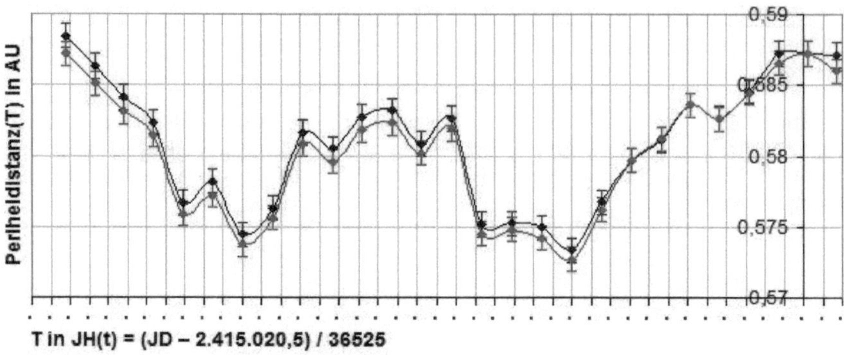

In Abb. sind die Werte von q(T) für JPL,(rote Kurve) und SOLEX,(blaue Kurve), dargestellt. Die Boxplots stellen die +/- Abweichung von einem Standardfehler um die jeweiligen Werte dar. Man erkennt eine weitgehende Durchdringung der Abweichungen beider Interpolationen.

Der Mittelwert der absoluten Abweichungen beträgt: 0,000649671 AE bei einer Standardabweichung von: 0,00038259. Der Mittelwert der relativen Abweichung beträgt: 0,001118704 bei einer Standardabweichung von: 0,000655413. Beide Interpolationen sind praktisch identisch.

2.2.3.3.2Abweichungen für die Lageelemente

Abb.14, Abweichungen der Inklinationen , i(T), in °

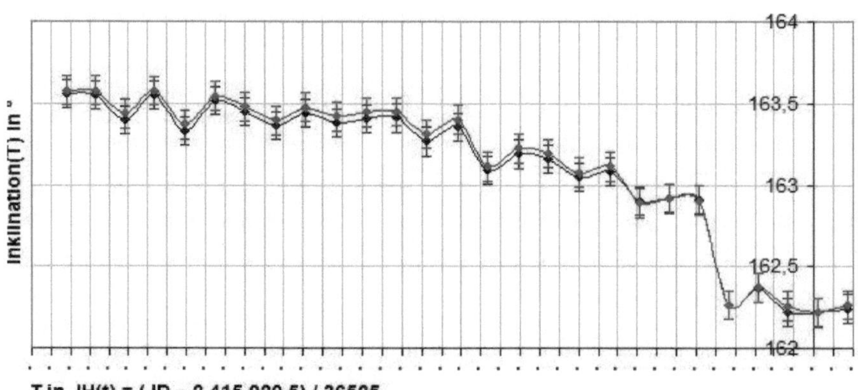

In Abb. sind die Werte von i(T) für JPL,(rote Kurve) und SOLEX,(blaue Kurve), dargestellt. Die Boxplots stellen die +/- Abweichung von einem Standardfehler um die jeweiligen Werte dar. Man erkennt eine nahezu vollständige Durchdringung der Abweichungen beider Interpolationen.

Der Mittelwert der absoluten Abweichungen beträgt: 0,027445926 ° bei einer Standardabweichung von: 0,014595048 °. Der Mittelwert der relativen Abweichung beträgt: 0,000168128 bei einer Standardabweichung von: 8,93583E-05. Beide Interpolationen sind praktisch identisch.

Abweichungen für die aufsteigenden Knoten , Ω (T), in °

Werte von Ω(T) wurden für JPL nicht veröffentlicht,so daß bezüglich dieser Größe keine Fehlerabschäzung in diesem Kontext der Abweichung zu den SOLEX Werten erfolgen kann

Abb. 15, Abweichungen für die Perihelargumente, ω(T), in °

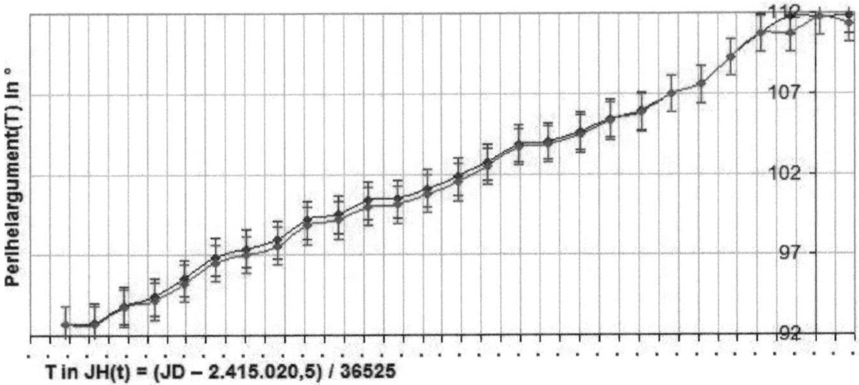

In Abb. sind die Werte von ω (T) für JPL,(rote Kurve) und SOLEX,(blaue Kurve), dargestellt. Die Boxplots stellen die +/- Abweichung von einem Standardfehler um die jeweiligen Werte dar. Man erkennt eine nahezu vollständige Durchdringung der Abweichungen beider Interpolationen.

Der Mittelwert der absoluten Abweichungen beträgt: 0,251434569 ° bei einer Standardabweichung von: 0,216284696 °. Der Mittelwert der relativen Abweichung beträgt: 0,002469703 bei einer Standardabweichung von: 0,002005655 . Beide Interpolationen sind praktisch identisch.

Abb.16, Abweichungen für die Umlaufzeiten U(T), in Jahren

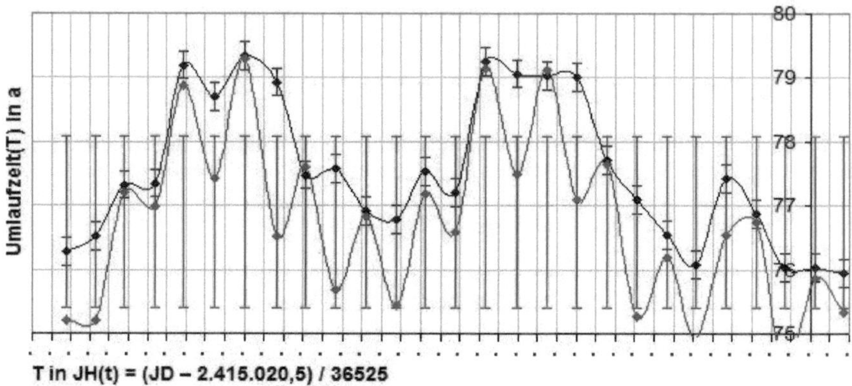

Ergebnis: Die vom JPL veröffentlichten Daten der Bahnen des Kometen 1P/Halley, die oskulierenden Bahnelemente $\{E\} = \{\, e\,,\, a\,,\, q\,,\, i\,,\, \omega\,,\, \Omega\,,\, Tp,\, U\}$, sind als mit empirischen Beobachtungen abgeglichene numerische Integration entstanden. Sie sind mit Ausnahme der Perihelzeiten mit denen der mit SOLEX ermittelten Werte nahezu identisch. Die Perihelzeiten differieren jedoch nur in einem Bereich von im Mittel 10 bis 20 Tagen. Die empirisch ermittelten Umlaufzeiten dagegen differieren in einigen Fällen um rund 1 Jahr oder mehr, obwohl sie anderen Fällen exakt übereinstimmen. Daraus könnte man die Vermutung ableiten, daß sich in den historischen Aufzeichunungen hin und wieder die Jahreszahlen fehlerhaft auf- oder abgeschrieben wurden.

Abb.17, Abweichungen für die Perihelzeiten Tp(T), in Jahren

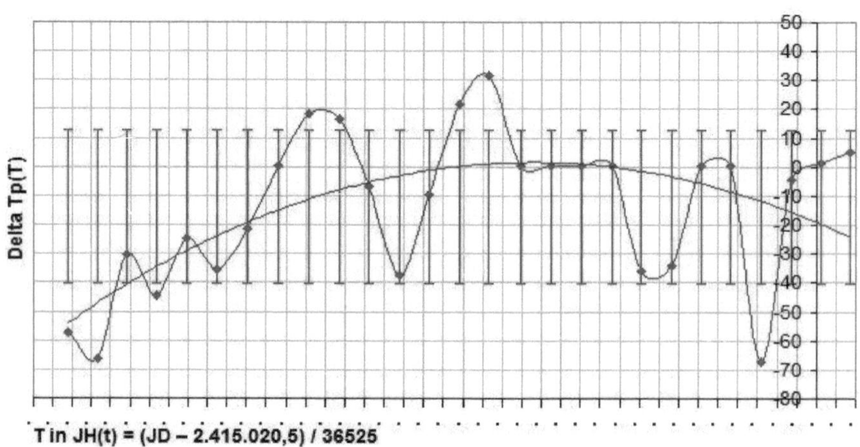

Ein Vergleich der aus historischen Aufzeichnungen gewonnenen, also beobachteten Perihelzeiten mit denen der SOLEX Simulation zeigt nur in wenigen Fällen eine Abweichung (rote Kurve) von mehr als einer Standardabweichung (rote Box). Im einzelnen ergeben sich

19

folgende Werte: Der Mittelwert der absoluten Abweichungen beträgt: -13,98148148 Tage bei einer Standardabweichung von: 26,5168602 Tagen. Der Mittelwert der relativen Abweichung beträgt: 0,000755985 bei einer Standardabweichung von: 0,00074919. Die SOLEX Werte sind hier denoch als sehr zuverlässig zu werten. ($\varnothing$ 1 Monat Abweichung auf 2000 Jahre)

Es läßt sich aber ein Trend (grüne Kurve) zu früheren Datumswerten bei zunehmend zurückliegenden Zeiten ausmachen. Beim Startpunkt vor ca. 2000 Jahren sind das dann im Mittel 30 Tage zu frühe Periheldurchgänge. Das kann verschiedene Ursachen haben. Als wesentliche Ursache sei hier jedoch die langsam abnehmende Masse des Kometen vermutet, welche in der Konfiguration von SOLEX nicht abgebildet ist und ohne erheblichen Aufwand nicht abgebildet werden kann. Man kann sich bei der Darstellung in Home Planet nun praktisch damit behelfen, bei lang zurückliegenden Zeiten dem gegebenen Datum 30 Tage hinzuzufügen.

Nr	Tp	JD	JH	q	e	omega	Omega	i	a	T
	JJJJ-MM-DD			AU		°	°	°	AU	JJ
1	P/1P-2061-07-26	2.474.032,0	1,615660506502	0,592738	0,966578	112,042358	59,380590	161,971320	17,735067	74,63128367
2	P/1P-Halley-1986	2.446.466,0	0,860944558522	0,585978	0,967143	111,332485	58,859767	162,262691	17,844009	75,32000000
3	P/1P-Halley-1910	2.418.781,0	0,102970568104	0,587208	0,967302	111,737100	58,561325	162,218600	17,927821	75,85127900
4	P/1P-Halley-1835	2.391.598,0	-0,641259411362	0,586563	0,967394	110,704300	58,561325	162,258800	17,710023	74,47325700
5	P/1P-Halley-1759	2.363.653,0	-1,406351813826	0,584466	0,967686	110,709300	57,261234	162,372500	18,065984	76,72980100
6	P/1P-Halley-1682	2.335.655,0	-2,172895277207	0,582621	0,967933	109,221400	55,577334	162,264900	18,036043	76,53913100
7	P/1P-Halley-1607	2.308.303,0	-2,921752224504	0,583615	0,967490	107,550300	53,763710	162,905500	17,783352	74,93627100
8	P/1P-Halley-1531	2.280.492,0	-3,683175906913	0,581200	0,967750	106,976000	53,061836	162,917000	17,981995	76,19534700
9	P/1P-Halley-1456	2.253.021,0	-4,435290896646	0,579700	0,968000	105,835000	51,939231	162,890000	17,834837	75,26193400
10	P/1P-Halley-1378	2.224.685,0	-5,211088295688	0,576200	0,968370	105,295000	51,214647	163,113000	18,207436	77,63272900
11	P/1P-Halley-1301	2.196.545,0	-5,981519507187	0,572710	0,968930	104,500000	50,354311	163,076000	18,123447	77,09617800
12	P/1P-Halley-1222	2.167.663,0	-6,772265571526	0,574210	0,968840	103,849000	49,522811	163,192000	18,440503	79,12810700
13	P/1P-Halley-1145	2.139.376,0	-7,546721423682	0,574790	0,968790	103,704000	49,275142	163,224000	18,186576	77,49934800
14	P/1P-Halley-1066	2.110.492,0	-8,337522245038	0,574500	0,968870	102,473000	47,938784	163,112000	18,441298	79,13322500
15	P/1P-Halley-989	2.082.537,0	-9,102888432580	0,581910	0,967890	101,484000	46,958941	163,399000	18,043988	76,58971500
16	P/1P-Halley-912	2.054.364,0	-9,874223134839	0,580160	0,968070	100,777000	46,037915	163,311000	18,137574	77,18634000
17	P/1P-Halley-837	2.026.830,0	-10,628062970568	0,582320	0,967810	100,101000	45,329739	163,447000	17,862440	75,43672300
18	P/1P-Halley-760	1.998.787,0	-11,395838466804	0,581840	0,967850	99,997000	45,093074	163,443000	18,081557	76,82903800
19	P/1P-Halley-684	1.971.163,0	-12,152142368241	0,579580	0,968150	99,149000	44,191866	163,418000	17,901127	75,68192900
20	P/1P-Halley-607	1.942.837,0	-12,927665982204	0,580830	0,968040	98,799000	43,650361	163,476000	18,203300	77,60627700
21	P/1P-Halley-530	1.914.909,0	-13,692292950034	0,575590	0,968710	97,582000	42,373575	163,394000	18,032411	76,51601600
22	P/1P-Halley-451	1.885.963,0	-14,484791238878	0,573740	0,968910	97,028000	41,610670	163,479000	18,467786	79,30378400
23	P/1P-Halley-374	1.857.707,0	-15,258398357290	0,577190	0,968590	96,510000	40,982388	163,542000	18,173134	77,41344400
24	P/1P-Halley-295	1.828.915,0	-16,046680355921	0,575910	0,968750	95,241000	39,449152	163,367000	18,402252	78,88203800
25	P/1P-Halley-218	1.800.818,0	-16,815934291581	0,581470	0,967980	94,147000	38,201807	163,574000	18,104795	76,97719200
26	P/1P-Halley-141	1.772.638,0	-17,587460643395	0,583140	0,967840	93,694000	37,424255	163,437000	18,140696	77,20627100
27	P/1P-Halley-66	1.745.189,0	-18,338973305955	0,585100	0,967550	92,652000	36,305513	163,577000	17,825690	75,20403800
28	P/1P-Halley-12BC	1.717.323,0	-19,101902806297	0,575100	0,967350	92,652000	36,072509	163,577000	17,825848	75,20503800

Abb.18

3.Praktische Anwendung, Anwendungsbeispiele in HOME PLANET

Im letzten Teil der Arbeit sei nun die Nutzung der Kometendaten zur Darstelung in der Panetariumssoftware HOME PLANET beschrieben.
Die Kometendaten wurden wie in Kap. 2.1.2.3. beschrieben, dem Home Planet Objektkatalog hinzugefügt. Durch den Aufruf des Menüpunktes Objekt Katalog lassen sich die historischen Daten für die Jahre des Periheldurchgangs aufrufen. Hier wurde der Durchgang vom Jahr 1910 ausgewählt.

3.1.1.Der Objektkatalog

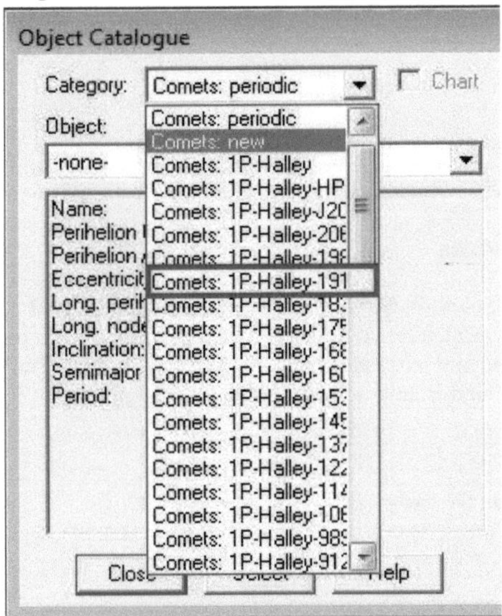

Abb.19 , Der HOME PLANET Objektkatalog für 1P/Halley

Hat man nun zum Beispiel den Durchgang von 1066 ausgewählt, erscheint eine Auswahlliste für alle Tage dieses Kalenderjahres, so dass man hier zum Beispiel die Kometendaten für den 10. Januar 1066 auswählen kann.

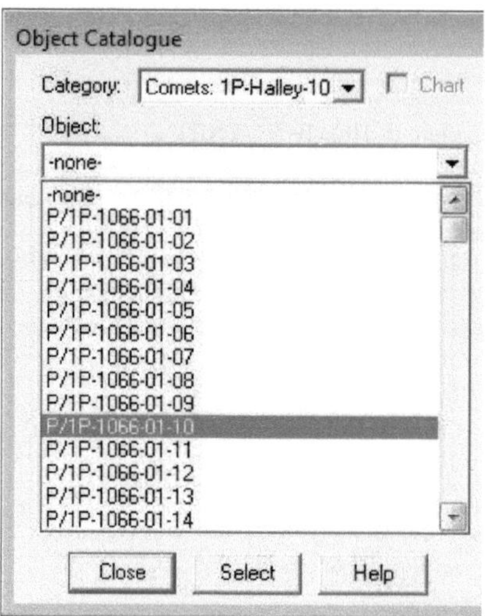

Abb.20, Der HOME PLANET Objektkatalog für 1P/Halley (Datumsauswahl)

3.1.2.Anzeige der Kometendaten

Ein Klick auf die „Select" Schaltfläche für die Auswahl des 31.05.1066, öffnet die Anzeige der Bahndaten für dieses Kalenderdatum. Über den normaen Umfang des Planetarium Programms hinaus, werden hier zusätzlich die Werte für „DistanceSun", „DistanceEarth", „Magnitude", „Elongation" und Bahngeschwindigkeit angezeigt.

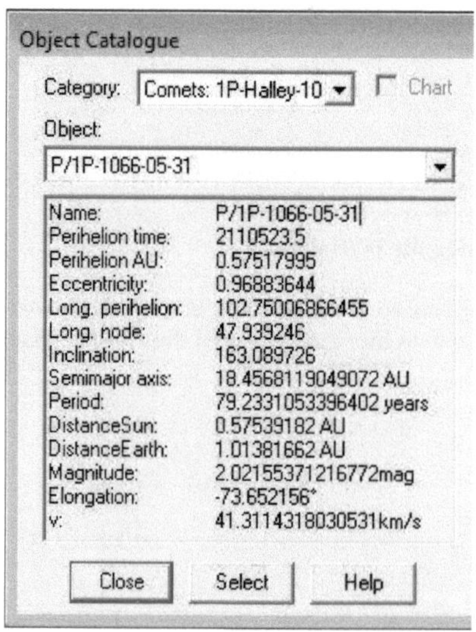

Abb.21 Der HOME PLANET Objektkatalog für 1P/Halley (Fortsetzung)

3.2.Die „Orrery" Funktion

Die „Orrery" Funktion zeigt die Position des Halley'schen Kometen in der Draufsicht auf das innere Sonnensystem, hier für das Datum vom 22. Juli 1066.

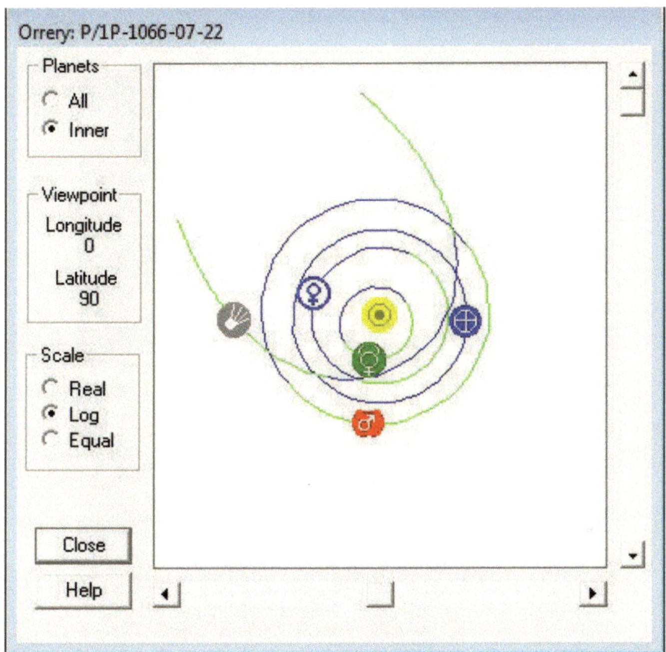

Abb.22 Der HOME PLANET Orrery für 1P/Halley

3.3.Die Sternkarte

Der Halley'sche Komet wird auch auf den Sternkarten der Software angezeigt.

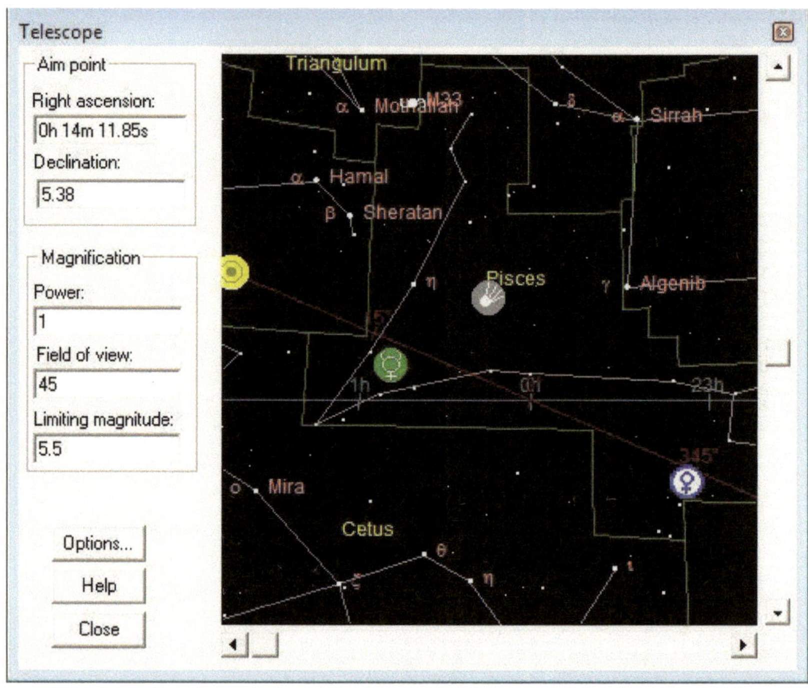

Abb.23, Die HOME PLANET Sternkarte für 1P/Halley

3.4.Die Positionstabelle.

Das Programm HOME PLANET kann eine Positionstabelle für Sonne, Mond, Planeten und Individualobjekte , hier den Halley'schen Kometen von 1066 anzeigen. Die Positionen sind dort für das ausgewählte Datum/Uhrzeit vom Programm automatisch berechnet worden.

Home Planet: Positions for Neuchâtel						
	Right ascension	Declination	Distance (AU)	Altitude	Azimuth	
Sun	1h 42m	+10° 40.1'	1.008	11.536	-93.392	Up
Mercury	0h 49m	+3° 11.6'	1.244	15.163	-78.319	Up
Venus	23h 7m 5.92s	-6° 56.0'	1.002	22.924	-50.373	Up
Moon	13h 4m 1.58s	-5° 41.3'	58.2 ER	-14.524	97.174	Set
Mars	10h 26m	+12° 21.5'	0.802	-23.085	142.104	Set
Jupiter	8h 2m 6.53s	+21° 27.5'	5.243	-21.949	-179.362	Set
Saturn	10h 0m	+14° 20.3'	8.867	-23.742	149.163	Set
Uranus	17h 49m	-23° 44.9'	18.891	13.273	31.629	Up
Neptune	3h 16m	+16° 31.4'	30.737	0.138	-114.288	Up
Pluto						
P/1P-1066-04	0h 15m	+9° 16.1'	1.411	25.382	-75.988	Up

Abb.24, Die HOME PLANET Positionstabelle für 1P/Halley

4.Zusammenfassung und Ausblick

Die im Rahmen dieser Arbeit aufgezeigten Methoden haben nunmehr gezeigt, daß es mit Hilfe der NASA ,JPL, Datenbanken und / oder einer Software der numerischen Simulation von Himmelskörpern im Sonnensystem, hier SOLEX 8.5 auch Amateurastronmomen möglich ist Kometenpositionen und -bewegungen genau zu berechnen und mit Planetariumssoftware zu veranschaulichen.

I) Literaturverzeichnis

BARRET, A.A. , *"Observations of Comets in Greek and Roman Sources before 410 AD"*
The Journal of the Royal Astronomical Society of Canada, 72-2/Jg.1978, S.81-106

DUFFET-SMITH, P. & ZWART,J. ,*"Practical Astronomy with calculator or spreadsheet"*,
Cambridge University Press, Cambridge 1999

KRESAK & KRESAKOVA, *„The absolute Magnitudes of periodic Comets"*
Pub. Astronomical Institute of Slovak Academy of Sciences, Vol. 41/Jg.1990 , S.1-17

FERRIN, I. & GIL,C., *„The Aging of Comets Halley and Encke"*,
Astronomy & Astrophysics Jg. 1988 , Vol. 194, 288-296

FULLE, M., *„Meteorids from Short periodic Comets"* ,
Astronomy & Astrophysics Jg. 1990 ,Vol. 230 ,220-226

HASEGAWA, I., *„Orbits of Ancient and Medieval Comets"*
Pub. Astrono. Soc. Japan 31, 257-270, Jg. 1979

HASEGAWA, I. *„Catalogue of ancient and naked Eye Comets "*
Vistas in Astronomy, Jg. 1980, Vol. 24, pp. 59-102

HO, P.Y. *„Ancient and Medieval Observations of Comets and Nova in Chinese Sources "*
Vistas in Astronomy, Jg. 1963, Vol.5 pp. 127 ff.

HÖRHANGER, M., *„ Maple in Technik und Wissenschaft"*, Addison-Wesley, 1996

JPL, *„Database of Minor Planet Objects"*, Pub. Jet Propulsion Laboratory, NASA 2022

KRONK, G.W., *„Cometography Vol. 1"*, Cambridge University Press, Cambridge 1999

VITAGLIANO, A., *„SOLEX 8 , User Manual and Technical Notes"*, Neapel 2003

WADE et. al., *„ Maple V in der mathematischen Anwendung"*, Thomson Publishing, 1997

WALKER,C. *„Home Planet - Software User Manual"* , o.O., 2006

BEI GRIN MACHT SICH IHR WISSEN BEZAHLT

- Wir veröffentlichen Ihre Hausarbeit, Bachelor- und Masterarbeit

- Ihr eigenes eBook und Buch - weltweit in allen wichtigen Shops

- Verdienen Sie an jedem Verkauf

Jetzt bei www.GRIN.com hochladen und kostenlos publizieren